ÉCOLE DE MÉDECINE ET DE PHARMACIE D'ALGER

COURS D'HYGIÈNE ET DE MÉDECINE LÉGALE

LES ORIGINES

DE LA

MÉDECINE FRANÇAISE

EN ALGÉRIE

LEÇON D'OUVERTURE

PAR LE PROFESSEUR J. CRESPIN

PARIS

A. POINAT, ÉDITEUR

PUBLICATIONS MÉDICALES ET SCIENTIFIQUES

11, RUE DUPUYTREN, 11

1909

Ecole de médecine d'Alger.
Chaire d'hygiène et de médecine légale.

LES

ORIGINES DE LA MÉDECINE FRANÇAISE

EN ALGÉRIE

Leçon d'ouverture,
Par le professeur J. CRESPIN.

Dans la plus renommée des Facultés comme dans la plus modeste des Ecoles, un devoir, devenu un usage, s'impose au nouveau titulaire d'une chaire magistrale. C'est d'abord de rendre hommage à ceux qui l'ont précédé. C'est ensuite d'évoquer, dans un sentiment de filiale gratitude, ceux qui, le soutenant de leur autorité et de leur savoir, lui ont permis de conquérir une place honorable dans l'Université : cette leçon d'ouverture, unique dans la carrière, extériorise ce qu'il y a de plus intime en nous, c'est-à-dire ce qu'il y a de meilleur, et pareille expansion n'a jamais paru déplacée dans un milieu où le maître et l'étudiant doivent être unis l'un à l'autre par une bienveillance faite d'amitié, par un respect fait d'estime.

Cette leçon n'apporterait que des joies au professeur, si la disparition de son prédécesseur immédiat n'était pas une cause de gravité et de mélancolie. Pour moi, qui connaissais et appréciais M. le professeur Moreau dont les affectueux sentiments s'étaient manifestés si vivement à mon égard dans les premières années de mon séjour à Alger, je ne puis sans tristesse, dans cette chaire qu'il occupait si dignement, me rappeler son souvenir. Ce qu'il fallait le plus admirer en lui, c'était la fidélité à son enseignement, fidélité qui le portait à vaincre ses défaillances physiques pour venir dans cet amphithéâtre, et à se préoccuper jusqu'à son dernier jour des moindres détails de cet enseignement. Aussi, messieurs, nous nous inclinerons avec respect devant sa mémoire.

En prenant possession de cette chaire, je ne puis me dispenser au souvenir du chemin parcouru, de me féliciter d'avoir vécu dans une patrie accueillante aux travailleurs, qui m'a fait atteindre le but convoité par le simple jeu des circonstances favorables, sans les appuis que donnent les relations personnelles ou la fortune. Au moment où les défauts indéniables de l'organisation universitaire sont mis en relief de la manière la plus âpre, il m'est bien permis de faire ressortir les avantages inappréciables d'une organisation qui ouvre aux esprits les plus indépendants une voie, semée d'obstacles sans doute, mais où le succès peut se rencontrer, sans abaissement moral, sans diminution de soi-même.

Que ceux qui ont dicté le choix du ministre reçoivent donc mes remerciements les plus sincères : M. le directeur de l'Ecole de médecine d'Alger, M. le recteur de l'Académie et MM. les membres de la section permanente du Conseil supérieur de l'Instruction publique. Parmi ces derniers, l'éminent recteur de l'Académie de Paris, M. Liard; le directeur de l'enseignement supérieur, M. Bayet, et les professeurs Bouchard et Landouzy doivent être l'objet de ma reconnaissance plus particulière en raison de la part plus directe qu'ils ont prise à mon succès. Je suis heureux de l'occasion qui m'est offerte de me rappeler publiquement la sollicitude qu'ont montrée pour moi dans les jours d'épreuve, M. Liard et M. le professeur Bouchard. Une Université qui possède de tels maîtres et de tels juges, capables de s'élever au-dessus des ambiances locales, est viable et respectable.

Mais, au travers de cette route qui monte, abrupte et glissante, depuis les premières années d'études jusqu'aux concours et au professorat, j'ai contracté d'autres dettes de reconnaissance. Dès mon premier jour d'étudiant, avant même, au moment où j'étais frappé dans mes affections les plus chères, un homme m'apparut, idéalisant pour moi la carrière médicale, tant par sa renommée déjà étendue, que par ses qualités de cœur et d'esprit. Le professeur Pinard, car c'est à lui que je fais allusion, n'est pas seulement un accoucheur éminent; il porte jusqu'au plus haut degré le souci de la solidarité sociale et confraternelle. Combien de fois n'est-il pas descendu dans l'arène, devant des prétoires mal informés, pour arracher à une peine imméritée un médecin obscur ou même une modeste sage-femme! Vous le savez comme moi et m'envierez d'avoir vécu un peu dans l'ombre d'une personnalité si digne, si humaine, si pitoyable aux humbles, et dont les conseils et l'appui ne m'ont jamais fait défaut. Que le professeur Pinard reçoive ici le témoignage ému de ma profonde gratitude !

J'ai le plus grand respect et la plus grande affection pour ceux qui m'ont enseigné la médecine. Dans les Facultés de Paris et de Lyon, comme au Val-de-Grâce, j'ai reçu l'enseignement de maîtres dont je conserve fidèlement le souvenir ; mais deux surtout m'ont marqué d'une empreinte ineffaçable, car ils m'ont donné mieux que des connaissances variées ; ils m'ont doté d'une méthode, de tendances et d'un grand enthousiasme pour la médecine qui ne devaient jamais m'abandonner.

A Lyon, le professeur Teissier a déchiré le voile qui obscurcit toujours l'esprit de l'étudiant, tout entier adonné à ces études de début qui mettent la mémoire et la mémoire seule à une si rude épreuve. Auprès d'un tel maître, j'appris que la médecine n'était pas qu'un métier, mais un art dont les conceptions touchaient aux problèmes les plus élevés de la philosophie et de la sociologie, capable, par conséquent, de satisfaire l'esprit le plus positif, comme le plus doué d'imagination. Au lit du malade et au laboratoire, j'appris que les faits pathologiques se reliaient les uns aux autres et comment ils se reliaient. Bien plus, et comme c'était nouveau alors, le malade n'était pas pour nous un sujet qui, une fois sur son lit d'hôpital, perd toute connexion avec son milieu habituel. Notre maître savait qu'à côté de la maladie et la comman-

dant souvent, il y avait l'état social, et c'est
pourquoi il dirigeait ses enquêtes du côté de
la famille, du domicile, de la profession. La
pathologie se doublait d'hygiène pour abou-
tir naturellement à la clinique. Mais ce but
supérieur, la clinique (pathologique et thérapeutique) n'était atteint par M. Teissier
que s'il avait eu recours à tous les moyens
en usage. Aussi est-il difficile de rencontrer
un clinicien aussi complet. Toutes les
sciences accessoires, chimie, physique, bactériologie étaient et sont mises à contribution par lui. Voilà ce qui explique l'attrait
de cet enseignement, nous initiant aux mé-
thodes cliniques de Potain, aux conceptions
de pathologie générale de Bouchard, aux
idées les plus nouvelles de l'école pasto-
rienne. Joignez à cela que les relations
personnelles avec cet excellent maître sont
empreintes d'un tel charme, d'une telle
cordialité, dès le principe, que pendant
toute la vie elles doivent persister, toujours
meilleures et plus réconfortantes. Que le
professeur Teissier, dont l'enseignement
contribue à faire de la Faculté de Lyon, déjà
pourvue de tant de maîtres éminents, un
centre d'intellectualité rayonnant dans le
monde entier, que le professeur Teissier
veuille bien être assuré de la reconnaissance inaltérable d'un de ses élèves qui lui
doit le meilleur de lui-même.

Au Val-de-Grâce, j'eus la bonne fortune
d'être l'élève de maîtres dont la science
s'enorgueillit à juste titre, parce que leur
renom a dépassé de beaucoup l'école où ils
professaient : M. Laveran, dont la décou-
verte à peine acceptée à cette époque, mais

devant être bientôt reconnue, acclamée partout et qui enseignait l'hygiène ; MM. Delorme, Vaillard et d'autres. Mais l'enseignement du professeur Kelsch qui, par le souci constant de la pathologie générale, l'absence d'exclusivisme au profit de telle ou telle branche de la médecine, me rappelait celui du professeur Teissier, devait m'orienter dans une voie définitive. C'est à ce maître que les praticiens algériens devront garder la plus grande. reconnaissance, car toutes les questions médicales algériennes sont traitées par lui avec cette autorité et cette bonne foi qui caractérisent tous ses travaux. Où trouver ailleurs que dans le traité des maladies des pays chauds, le traité d'épidémiologie une conception plus exacte et plus complète de la dysenterie, des fièvres paludéennes, de la fièvre typhoïde et de toutes les maladies épidémiques ou endémiques de la colonie ? Où trouver ailleurs que dans ces remarquables ouvrages, et à propos de ces maladies, une conciliation plus juste entre les données anciennes et les données modernes ? Quel autre, mieux que lui, a mis en relief les relations du microbe avec le terrain, les localités, le milieu cosmique et ethnique ? Avec lui, aucun risque de verser dans une théorie unique, simpliste, parfois brillante, mais erronée en raison de l'élimination de faits contradictoires gênants. J'ai appris à son école à me garder de la magie des révolutions médicales, et le rationalisme qu'il m'a enseigné en matière d'épidémiologie algérienne prend sa source dans la tradition contrôlée, modifiée, mais jamais détruite. Aussi, tous mes

travaux de pathologie, d'hygiène et d'épidémiologie algériennes ne sont et ne pou-
vaient être que le reflet de ceux de
M. Kelsch. Je ne fais au reste que traduire
les sentiments de ceux ayant souci de l'a-
venir de la colonisation dans ce pays, en
adressant à l'éminent professeur du Val-de-
Grâce l'hommage de ma respectueuse gratitude.

En arrivant à Alger, j'eus le bonheur
d'occuper presque de suite et pendant plus
de dix ans un poste modeste dans l'enseignement médical, et c'est durant ces années
de travail que je fus en contact avec le directeur honoraire de cette école, M. le professeur Bruch. Rien ne pouvait m'être plus
agréable que de le voir aujourd'hui à mes
côtés et de pouvoir lui dire combien j'ai
apprécié et admiré le souci qu'il apportait
constamment dans la prospérité, le bon
renom, la dignité de l'Ecole de médecine,
comme aussi la foi qu'il avait, malgré tout,
en son avenir. Pareille attitude d'ailleurs se
concevait bien chez un universitaire de
vieille souche formé à Strasbourg. Si cela
n'a pas été sans traverses, M. le professeur
Bruch est récompensé aujourd'hui en voyant
se fonder à Alger une Université. Pour
moi, je suis heureux de rappeler le rôle de
celui qui, pendant ses cinquante années
d'Algérie, depuis la fondation de l'Ecole
de médecine d'Alger, a voulu faire pénétrer
ici ce qui est indispensable à la santé physique et morale d'une université : l'esprit
universitaire.

La chaire qui m'est échue comporte un
double objet : l'hygiène et la médecine lé-

gale. L'usage a voulu qu'un suppléant fût
chargé de la médecine légale, et c'est à ce titre
que j'ai fait ce cours pendant près de
dix ans. L'enseignement de cette branche
de la médecine est purement théorique;
mais les programmes nouveaux le rendent
plus pratique. Aussi peut-on espérer que
dans quelques années, cet enseignement
aura pris l'ampleur qu'il mérite d'avoir en
Algérie, où la médecine judiciaire est assez
spéciale, et où les occasions d'expertises
sont très nombreuses et très difficiles. Pendant ces dix ans d'enseignement, l'autorité
judiciaire m'a confié une ou deux autopsies
à peine par an; ce n'est pas avec des maté-
riaux si pauvrement distribués que je pou-
vais donner un enseignement pratique suf-
fisant. Je souhaite que mon successeur soit
mieux partagé, et même qu'un jour la médecine légale soit séparée de l'hygiène en cons-
tituant une chaire spéciale, création abso-
ument justifiée dans ce pays.

Le titulaire de la chaire actuelle se con-
sacre exclusivement à l'hygiène, d'après le
même usage. J'ai dit déjà avec quelle com-
pétence mon prédécesseur, M. le professeur
Moreau, s'acquittait de ses fonctions. Tous
mes efforts tendront à l'imiter.

A l'heure présente, où l'hygiène va
prendre dans les universités la place qui lui
revient, où son grand rôle social commence
à être mis au jour, où les hygiénistes de-
viennent les conseillers habituels des pou-
voirs publics, je ne puis qu'être flatté de
l'honneur qui m'a été fait par l'attribution
d'une telle chaire. Honneur, certes, qui ne
va pas sans de lourdes charges que j'accepte

du reste, avec la pleine conscience de ma responsabilité.

Empruntant à toutes les sciences, particulièrement à celles dites accessoires, comme la physique, la chimie, la bactériologie, etc., l'hygiène met à profit ces emprunts et les coordonne dans un harmonieux ensemble. Mais l'hygiène ne doit pas être exclusive, et un hygiéniste qui serait uniquement physicien, uniquement chimiste, uniquement bactériologiste, tomberait dans des erreurs tout à fait préjudiciables à l'intérêt public, et dont l'épidémiologie, cette sœur de l'hygiène, subirait le fâcheux contrecoup. Dire, par exemple, que la fièvre typhoïde se transmet uniquement par l'eau de boisson, aboutirait à méconnaître des procédés d'éclosion et de contagion qu'on ne peut nier aujourd'hui. Pareille erreur a pu être commise alors qu'on croyait trouver le bacille d'Eberth dans l'eau et que la bactériologie, alors dans l'enfance, paraissait, pour certains, devoir renverser toutes les données anciennes. L'hygiéniste, comme le clinicien, a donc besoin de collaborations, mais ni l'un ni l'autre n'abdiquent devant celles-ci. Le travail qui consiste à réunir les documents, d'où qu'ils viennent, à peser leur valeur, et à en déduire les conséquences pratiques, n'est pas un travail purement inventorial. Il demande certaines qualités qui ressemblent beaucoup à celles exigées des cliniciens. S'il y a un sens clinique, il y aura aussi un sens hygiénique, moins connu que le premier, à vrai dire, mais tout simplement parce que l'hygiène en est encore en France à ses premiers bégaiements. Pour en finir avec cette comparaison qui m'agrée infiniment entre le clinicien et l'hygiéniste, je vous dirai encore que le premier se cantonne dans la sphère de l'individu, tandis que le second rayonne dans toutes les collectivités ; mais tous les deux visent à un but éminemment pratique : le traitement ou la prophylaxie des maladies. L'un guérit, l'autre préserve. C'est à obtenir ce double résultat que tendent toutes les études médicales.

Ici même, en Algérie, la loi sur la protection de la santé publique, véritable charte de l'hygiène, qui va être appliquée en août prochain, nous crée des obligations nouvelles, auxquelles le praticien et l'élève de cette école ne peuvent se soustraire. Les soucis que, depuis quelques années, l'administration apporte aux choses de l'hygiène dans ce pays, nous permettent d'espérer que l'application de la loi sera poursuivie avec méthode et ténacité. Mais les auxiliaires de l'administration seront pris surtout parmi nous. Aussi tous les élèves de l'École d'Alger devront être non seulement hygiénistes, mais hygiénistes algériens. Ils seront aussi épidémiologistes, et c'est ainsi que la colonie, fouillée dans ses moindres parties, dans son tempérament morbide, comme dans sa constitution pathologique, deviendra peut-être la terre rêvée, puisqu'à la douceur de son climat elle joindra une salubrité encore plus grande.

Voilà pourquoi nous ferons nôtre l'épigraphe dont s'était servi le bénéficiaire d'un prix décerné par la Société de méde-

cine d'Alger, en 1849, à Eug. Bertherand :
« Vivo et scribo in aere africano. »

Si l'Université d'Alger toute entière doit diriger ses investigations du côté des choses ambiantes, de manière à apporter à la colonisation une contribution importante, cette chaire veut et doit être surtout une chaire d'hygiène et d'épidémiologie algériennes. Pour réaliser son œuvre, il lui faudra évidemment introduire de grandes modifications dans l'organisation actuelle de l'enseignement. Pour les travaux pratiques rendus obligatoires par le décret du 11 janvier 1909, il nous faut un personnel et un matériel plus importants. Puisque de toutes parts, dans tous les domaines, l'hygiène intervient, impérieuse et acceptée, il faut espérer que dans un avenir prochain toutes satisfactions nous seront accordées.

Nous avons beaucoup à faire, messieurs, mais en vous parlant du professeur Kelsch, je vous disais, il y a un instant, que la voie nous avait été largement ouverte par cet épidémiologiste incomparable. Est-ce à dire qu'avant lui rien n'ait été fait en Algérie touchant l'hygiène et la médecine algérienne ? Ce serait méconnaître une des pages les plus glorieuses de l'histoire de France, que d'ignorer les efforts et les travaux de ces médecins de l'armée qui, depuis 1830, ont laissé sur la médecine du pays des écrits inoubliables et auxquels M. Kelsch a lui-même rendu le plus éclatant des hommages.

Et puisque dans une leçon inaugurale il est permis de s'écarter de son programme habituel, je m'autorise de cette licence pour

vous esquisser à grands traits un tableau de
l'activité médicale de nos prédécesseurs
dans les années qui suivirent la conquête.
Par là, je rendrai hommage à la médecine
militaire française, avec laquelle je tiens à
honneur de conserver les plus étroites at-
taches, en dépit des circonstances qui m'ont
obligé à quitter prématurément ses cadres.

C'est surtout en lisant les mémoires de
médecine, chirurgie et pharmacie militaires
que l'on se rend compte de l'activité sagace
des premiers débarqués qui, en participant
à tous les combats, à toutes les marches sur
cette terre inconnue et mystérieuse, ne né-
gligeaient pas de tracer d'une plume alerte
leurs impressions, toutes leurs impressions,
non seulement sur la pathologie et l'hygiène
du pays, mais sur la psychologie de ces
peuples nouveaux pour eux. Le souci de la
forme égalait chez ces lettrés (ils l'étaient
tous) le souci de la vérité. Aussi la lecture
de ces premiers travaux algériens est-elle
puissamment attrayante. Puis il y a un grand
intérêt à remuer cette poussière, parce que
des idées très justes se dégagent souvent
des théories surannées, et que celles-ci aident
à comprendre les conceptions modernes.

Le premier document qui s'offre à nous,
c'est le récit fait par un médecin-major, le
Dr Tesnière, de la traversée de Toulon à
Sidi-Ferruch, du combat de Staouéli, du
bombardement du Fort-l'Empereur suivi de
la prise d'Alger. Parties le 25 mai, nos
troupes, après avoir été ballottées assez
cruellement, arrivent le 13 juin au-dessus
du cap Caxine, où s'opère le mouillage.
Ecoutez comment le Dr Tesnière traduit ses

impressions qui étaient celles de tous ses
camarades, en débarquant sur un rivage
que des récits enflammés et leur propre
imagination représentaient comme si dif-
férent de toutes choses connues : « Le calme
de la mer, la clarté de la lune, le bruit des
rames qui seul se faisait entendre, et le des-
tin encore incertain de notre expédition, li-
vraient nos âmes à des émotions que nous
ne cherchions pas à définir; le spectacle
qu'offraient douze mille hommes au moins
abordant en silence et en ordre une terre
étrangère et ennemie ne pouvait manquer
d'être imposant ». Ne vous étonnez pas de
cette note poétique chez des hommes ins-
truits vivant en 1830, puisque depuis deux
ans les *Orientales* jetaient dans les esprits
un enthousiasme qui ne faisait que gran-
dir. Cette expédition d'Alger n'a pas eu son
poète; mais ceux qui débarquaient avec
Tesnière à Sidi-Ferruch ressemblaient,
comme des frères, aux conquistadores de He-
redia, et méritaient de provoquer des inspi-
rations aussi éclatantes.

N'accusez pas du reste de frivolité ces médecins qui, devant un inconnu troublant,
versaient dans le lyrisme le plus élevé; s'ils
avaient l'esprit poétique, ils avaient aussi
l'esprit scientifique. Leurs récits font foi de
cette double tendance. Tesnière nous dit
d'ailleurs qu'avant d'aller venger l'insulte
faite à la France, le gouvernement avait
rassemblé toutes les données climatologi-
ques, ethniques, pathologiques et hygié-
niques sur la Régence. Les hommes de
science avaient été consultés, alors que dans
certaines expéditions modernes pareille

précaution n'a pas été prise, au grand détri-
ment, du reste, de la santé des troupes.

Ce qui frappe encore dans ces tout premiers écrits de la conqnête, c'est la préoc-
cupation d'être complet. En chevauchant au
travers des maigres dunes de la côte, le
narrateur ne manque pas de nous intéresser
à la flore, à la géologie du terrain traversé,
comme il nous parlera en détail des maladies (colites et fièvres) qui vont assail-
lir le corps expéditionnaire. Pareille préoc-
cupation indique que ces médecins avaient
l'esprit ouvert à toutes les manifestations de
l'activité intellectuelle, qu'en un mot ils
avaient fait « leurs humanités ».

Une fois l'installation faite dans le pays,
les idées, les théories médicales vont s'écha-
fauder, parfois pénétrantes, parfois fausses,
mais toujours intéressantes. Les premiers
médecins français débarqués en Algérie pos-
sédaient les notions de l'Ecole, et ces notions furent dès l'abord mises à une dure
épreuve dans cette campagne d'Afrique. Les
cadres nosologiques de l'Europe ne conve-
naient plus ici. En 1830, les idées de Broussais dominaient la médecine et elles consti-
tuaient un retour en arrière, parce qu'elles
éloignaient le dogme de la spécificité morbide, grâce auquel la séparation de certaines
fièvres avait pu être faite au xviii° siècle.
Notamment, les fièvres paludéennes avaient
pu être distinguées de la fièvre typhoïde et
aussi du typhus exanthématique, et cela
grâce au médicament spécifique, le quin-
quina. Avec les idées broussaisiennes, il
fallait abandonner toute conception « vita-
liste » pour tomber dans un déterminisme

étroit, dont les conséquences thérapeutiques
furent souvent déplorables. Gastrite, gastro-
céphalite, gastro-duodénite, etc., voilà les
termes sous lesquels se dissimulaient des
entités morbides déjà connues, déjà catalo-
guées, termes ayant pour effet de faire ou-
blier leur caractère spécifique, en mettant
en relief seulement des déterminations ana-
tomiques, susceptibles de s'appliquer à plusieurs d'entre elles, d'où fatalement confusion
des espèces.

Il est vrai que cette doctrine, la doctrine physiologique, comme on l'appelait,
contenait en germe toute l'anatomie pathologique moderne qui, avec Virchow, devait
prendre une légitime extension.

Un des meilleurs élèves de Broussais,
l'aide-major Maillot se trouva transporté en
Algérie dès les premiers temps de la conquête. Esprit avisé et ouvert, il s'aperçut
tout de suite des désastres que la thérapeutique de Broussais (purgatifs et saignées à
outrance) multipliaient au sein du corps expéditionnaire, dans les hôpitaux surtout.

Sans doute, il était admis par tous que la
quinine était le médicament héroïque de la
fièvre intermittente, mais on ne le donnait
qu'avec parcimonie, et on avait soin de
l'administrer seulement après que toute
trace d'inflammation avait disparu. Mais en
Afrique on ne voyait pas seulement des
fièvres intermittentes typiques. Il y avait
des fièvres dans lesquelles l'intermittence
était plus ou moins voilée et qui méritaient
plutôt le nom de pseudo-continues et de rémittentes. Dans ces fièvres, les symptômes
d'irritation étaient bien marqués, et il fal-

lait attendre la disparition de cette irritation pour donner la quinine.

Or, à Bône, du 16 avril 1832 au 16 mars 1834, il y avait eu à l'hôpital 1 mort sur 8 sortants ; Maillot, qui administre la quinine dès le début de la fièvre, vit cette proportion s'abaisser à 1 sur 27.

Maillot proclamait donc l'identité de nature des fièvres intermittentes et des fièvres continues, et leur appliquait le même traitement.

Son œuvre n'était certes pas parfaite, car la compréhension de toute la pathologie algérienne ne pouvait être obtenue d'emblée. Tout d'abord la fièvre typhoïde était méconnue. Maillot décrit des fièvres pseudo-continues avec, à l'autopsie, des ulcérations mésentériques et intestinales, qui aujourd'hui ne laisseraient aucun doute. Il faudra de longues années pour que l'importance de la fièvre typhoïde en Algérie soit reconnue.

En second lieu, l'étiologie des fièvres est pour Maillot bien obscure. Les variations brusques de la température, les alternatives de chaleur et d'humidité sont les causes les plus fréquentes de la fièvre intermittente dans les pays non marécageux. Quant à la fièvre des pays marécageux, il ne veut pas prendre parti entre les deux opinions principales, l'une admettant que les pays marécageux possèdent au plus haut degré les conditions d'humidité et de variations atmosphériques nécessaires à la production de la fièvre, l'autre admettant que les vapeurs qui se dégagent des marais contiennent des principes directement délétères.

La lutte entre les deux doctrines va d'ail-

leurs se poursuivre en Afrique pendant
quarante ans au moins, jusqu'à ce que la
doctrine de la spécificité morbide soit abso-
lument démontrée.

En ce qui concerne la physiologie pathologique des fièvres, Maillot, comme son
maître Broussais, attribue une grande importance au système nerveux. Mais tandis
que Broussais parlait de névrose, il est d'a-
vis que dans beaucoup de cas il y a une
véritable altération du système nerveux, ce
qui, vous le savez, devait être reconnu exact.

Revenons sur les deux doctrines qui mettent aux prises d'un côté les intoxicationnistes, de l'autre les météorologues.

Parmi les intoxicationnistes les plus en
vue, les plus ardents, il faut citer Boudin,
Jacquot, Haspel.

Boudin, remueur d'idées hardies, devait
souvent proclamer des hérésies inaccep-
tables, mais souvent aussi il émettait des
vues profondes dont la postérité a vérifié la
justesse. Son traité des fièvres intermittentes,
rémittentes et continues (Paris, 1842), où il
se fait l'apôtre de la thérapeutique arseni-
cale, tombée dans l'oubli et qu'il va faire
revivre, contient beaucoup d'aperçus ingé-
nieux à côté d'erreurs grossières.

A l'ancienne dénomination de fièvres de
marais, il substitue le terme d'intoxication
maremmatique ; l'absorption de la matière
des marais, appelée miasme, constitue l'intoxication paludéenne, comme le mercure
produit l'hydrargirisme, le plomb le satur-
nisme.

Il n'y a pas de distinction étiologique
entre les fièvres intermittentes et les fièvres

continues. Ce fait déjà mis en évidence par
Maillot est encôre proclamé par Boudin.

Quant à la nature de toutes ces fièvres, ce
ne sont ni des phlegmasies, ni des névroses.
Ce sont des déviations ou altérations du sang,
se phénoménisant sous les formes et les types
les plus variés avec localisation phlegma-
sique ou nerveuse sur telle ou telle portion
du solide vivant, suivant mille circonstances,
dépendant tantôt de l'organisme, tantôt de
la matière miasmatique absorbée.

Comme on le voit, la notion du terrain
paraît être présente à l'esprit de Boudin, qui
la dégage de la notion du miasme.

Par ailleurs, Boudin montre également
une grande perspicacité, quand il reconnaît
l'existence de l'incubation entre la contami-
nation et l'éclosion des accidents. Il bat en
brèche sur ce point l'opinion de Nepple, qui
disait : « Les miasmes agissent de suite, en
produisant des effets plus ou moins appa-
rents, ou n'ont aucune prise sur l'organisme ; leur incubation pendant plusieurs
jours est hypothétique ».

Telle est la doctrine de l'intoxication for-
mulée magistralement par Boudin. D'autres
la développent plus ou moins brillamment.

Haspel (Maladies de l'Algérie, Paris 1850)
en retraçant le tableau des affections du foie
a soin de dire que la chaleur n'est pas la
seule cause des maladies du foie, comme
on l'affirmait. Elle ne vaut que parce qu'elle
développe dans l'atmosphère certains miasmes qui pénètrent dans l'organisme.

Jacquot a combattu ceux qui nient le
miasme, ceux qui font intervenir les agents
météorologiques.

C'est ainsi qu'il est amené a réfuter le livre d'Armand, (Algérie médicale, 1854) qui veut voir dans la production des fièvres les perturbations et l'influence des météores.

Jacquot n'est cependant pas aussi intransigeant dans ses travaux ultérieurs, qui montrent qu'entre la doctrine miasmatique et la doctrine météorologique une concilia- tion est possible. Il reconnaît dans les fièvres deux éléments : un miasmatique, un climatique.

Mais Jacquot crée le type climatique, en admettant que certaines fièvres étaient climatiques pures.

Dix ans plus tard, c'est le désir de conciliation qui domine encore entre les deux grandes théories. Le Dr Leclerc (Une mission en Kabylie 1864) dit qu'il faut altération matérielle, infection de l'air ; mais cette infection diffère de celle qui provient des miasmes paludéens et dans sa nature et dans ses conditions. Le régime et l'habitation interviennent puissamment.

Bertherand s'avouait impuissant à choisir entre toutes ces théories, et reconnaissait que l'influence du système nerveux était indéniable, bien que difficile à préciser.

L'étude des fièvres dominait toute la pathologie algérienne mais on ne pouvait cependant se désintéresser des autres maladies que l'on avait l'habitude d'observer en France et que l'on reconnaissait mal en Afrique.

La fièvre typhoïde, si bien isolée par Louis, fut méconnue en Algérie pendant longtemps. C'est même tout récemment que l'on a reconnu son existence chez les

Arabes, beaucoup d'excellents praticiens ayant persisté à la nier dans le milieu arabe jusque dans ces dernières années.

Pour Boudin (1842), la fièvre typhoïde ne s'observe jamais dans les régions fiévreuses chez les indigènes, et elle atteint, parmi les Européens seulement, les nouveaux débarqués paraissant avoir quitté la France dans l'état d'incubation de la maladie.

Il blâme, et non sans raison, Maillot d'avoir parlé de la transformation des fièvres continues en fièvres typhoïdes.

En somme, Boudin admet un antagonisme entre la fièvre typhoïde et la fièvre des marais.

Armand se gaussait des médecins arrivés nouvellement en Algérie et qui prenaient des fièvres maremmatiques continues pour des fièvres typhoïdes.

Mais cependant les travaux de Laveran, en 1840, avaient démontré d'une manière irréfragable la réalité de la dothiénentérie en Algérie.

Un peu plus tard Lagger (Rec. de mém. de méd. militaire 1846, vol. LX) fait remarquer que les indigènes d'Algérie appellent Sellema et Begla les fièvres pernicieuses pseudo-continues et se demande s'il ne s'agit pas de fièvres typhoïdes.

Bertherand (1855) admet la fièvre typhoïde comme complication fréquente des dysenteries et des fièvres intermittentes chez les Arabes.

On sait aujourd'hui que la fièvre typhoïde revêt en Algérie des formes spéciales et qu'il faut souvent les procédés les plus modernes du laboratoire pour les dépister. On

s'explique donc les incertitudes d'autre-
fois.

Une autre maladie devait exciter la saga-
cité des chercheurs, c'est la tuberculose et
principalement la tuberculose pulmonaire.
Nombre de médecins en nièrent l'existence
en Algérie, non seulement chez les indigènes, mais aussi chez les Européens.

La plupart pensèrent qu'il s'agissait d'une
influence de climat et dès les premières
années de la conquête on songea à installer
un véritable sanatorium pour phtisiques en
Algérie (Costallat, 1836). N'était-ce pas con-
firmer l'opinion de Sénèque disant autre-
fois : « On ne meurt en Afrique que de vieil-
lesse ou d'accidents. »

Cette opinion plus ou moins atténuée
eut cours pendant longtemps. Nous voyons
le Dr Feuillet l'émettre en 1856 et la déve-
lopper dans des travaux successifs, dont le
dernier est de 1874.

Pour Boudin, il y avait antagonisme entre
la tuberculose et l'intoxication maremmatique. Il ne s'agit donc plus d'effets de climat, mais d'une véritable opposition entre
deux maladies de nature différente. C'est
d'un antagonisme pathogénique qu'il s'agit,
et non pas seulement d'un antagonisme
d'évolution, lequel est admis encore aujourd'hui pour certaines maladies et dans
certaines conditions.

Sur un nombre total de 12.853 malades
traités, tant à l'armée d'Afrique qu'au laza-
ret de Marseille, Boudin affirme qu'il n'a
rencontré que 31 phtisiques dont 25 avaient
été reconnus tuberculeux avant leur em-
barquement pour le Maroc ou l'Algérie.

De cette théorie basée sur l'antagonisme entre la tuberculose et la fièvre paludéenne, il ne reste rien, sinon des discussions très souvent pénétrantes, et qu'on peut encore lire avec profit.

Une autre grosse question devait également préoccuper les médecins et les savants, c'est celle de l'acclimatation et de l'acclimatement en Algérie. Nous savons qu'en France, on a longtemps désespéré de l'Algérie. Les hécatombes des soldats et des colons, tombés sous les coups du climat, n'étaient pas faites pour calmer les inquiétudes. Il a fallu la farouche énergie des colons, à Boufarik notamment, pour résister à l'Administration qui voulait abandonner les centres les plus malsains, devenus aujourd'hui salubres et prospères. Les médecins n'étaient pas, en général, d'ardents propagandistes de la colonisation en Algérie. Si la plupart reconnaissaient les bons effets du climat algérien sur la phtisie, les mêmes désespéraient de lutter avec succès contre l'endémo-épidémie palustre, qui tous les ans faisait des victimes et causait des désastres.

Boudin est un de ceux qui formulèrent les conclusions les plus décourageantes après le général Bugeaud, après le général Duvivier, après bien d'autres. Bugeaud disait : « Tout homme faible envoyé en Afrique est un homme perdu. » Duvivier disait : « Les cimetières sont les seules colonies toujours croissantes en Algérie (1841). »

Boudin reconnaissait bien l'influence heureuse de certaines localités sur la phtisie, mais, comme nous l'avons dit, ce n'était

pas pour lui l'effet du climat, mais bien
plutôt l'effet de l'intoxication marécageuse,
antagoniste de la phtisie. Et cette intoxication marécageuse enrayait tous efforts,
paralysait toutes tentatives, d'autant mieux,
disait-il, « que dans les localités palustres,
le nombre de malades croit avec la prolon-
gation du séjour. » Les statistiques sem-
blaient montrer que la race française n'avait
pas de tendance à s'acclimater en Algérie.
Ainsi, la mortalité en France était de 24 dé-
cès sur 1.000 habitants, et en 1840, malgré
le choléra, n'avait pas dépassé 28 p. 1000.
En Algérie, cette mortalité s'était élevée en :

1848 . . . . 41 p. 1.000
1849 . . . . 101 p. 1.000
1850 . . . . 70 p. 1.000
1851 . . . . 64 p. 1.000
1852 . . . . 55 p. 1.000
1853 . . . . 47 p. 1.000

L'acclimatement semblait donc impos-
sible, même en acceptant le moyen préco-
nisé par Jacquot, le croisement avec la
femme indigène.

En dehors de ces grands tournois sur des
questions dont beaucoup sont encore à
l'ordre du jour, il faut signaler des remarquables monographies que nous propose-
rions comme des modèles, Sous la dénomination de topographies de telle ou telle ville
(Blidah, Médéah, Miliana, etc.), on réunis-
sait alors tous les renseignements clima-
tologiques, ethniques, médicaux, hygié-
niques, de toute l'Algérie. A l'heure actuelle,
on vante beaucoup le système du casier

sanitaire des habitations dans la cité. Ces topographies étaient les casiers sanitaires des villes et j'estime qu'il y aurait un grand avantage à refaire ce travail pour chaque circonscription et chaque ville d'Algérie avec les données que les progrès de la science nous fournissent largement. C'est au futur Institut d'hygiène que cette tâche pourrait incomber, et la colonie tout entière en retirerait certainement le plus grand profit.

Quoi qu'il en soit, la lutte d'idées fut féconde sur cette terre d'Afrique, et les médecins de l'armée contribuèrent pour une grande part à faire pénétrer dans la colonie nouvelle le génie de la France: la colonisation moderne est sortie toute armée et souveraine de leurs travaux. Elle doit beaucoup même à ceux qui l'ont combattue et méconnué. Le temps a fait justice de beaucoup d'erreurs, mais n'a pas condamné ceux qui les ont commises, car, grâce aux discussions provoquées, la lumière a finit par jaillir du sein même des erreurs. Nous sommes donc les héritiers favorisés de ces ancêtres, puisque nous avons en mains des procédés qu'ils n'avaient pas, procédés auxquels ils suppléaient souvent par une perspicacité vraiment remarquable. S'il est sorti de l'Ecole de médecine d'Alger quelques travaux dignes d'intérêt, sachons reconnaître que le chemin nous avait été déjà tracé; si l'avenir nous semble brillant, fertile en recherches et en découvertes toutes profitables à la colonisation, sachons reconnaître aussi que le passé ne fut pas sans gloire.

Paris. — Imprimerie Levé, 17 rue Cassette.